塑料问题

影响我们星球的
那些真相

［加］雷切尔·索尔特（Rachel Salt）　著　车向前　译

中国轻工业出版社

在印度尼西亚的爪哇岛上，一名男孩在被废弃物污染的芝利翁河（Ciliwung Rivzer）中筛淘，以收集有价值的塑料。

塑料问题：
影响我们星球的
那些真相

［加］雷切尔·索尔特（Rachel Salt） 著

车向前 译

中国轻工业出版社

图书在版编目（CIP）数据

塑料问题：影响我们星球的那些真相 /（加）雷切尔·索尔特（Rachel Salt）著；车向前译. —北京：中国轻工业出版社，2024.5

ISBN 978-7-5184-4613-1

Ⅰ.①塑… Ⅱ.①雷… ②车… Ⅲ.①塑料垃圾—青少年读物 Ⅳ.①X705-49

中国国家版本馆CIP数据核字（2023）第215317号

审 图 号：GS京（2024）0029号

责任编辑：江 娟　　封面插画：王超男

文字编辑：杨 璐　　责任终审：劳国强　　设计制作：锋尚设计

策划编辑：江 娟　　责任校对：朱燕春　　责任监印：张京华

出版发行：中国轻工业出版社（北京鲁谷东街5号，邮编：100040）

印　　刷：鸿博昊天科技有限公司

经　　销：各地新华书店

版　　次：2024年5月第1版第1次印刷

开　　本：889×1194　1/16　印张：5

字　　数：39千字

书　　号：ISBN 978-7-5184-4613-1　定价：48.00元

邮购电话：010-85119873

发行电话：010-85119832　010-85119912

网　　址：http://www.chlip.com.cn

Email：club@chlip.com.cn

目录

简介

塑料无处不在。我们坐于其上，立于其上；我们凭其以饮，借其以食；我们又被其困扰。其中原因何在？

诚然，我们需要大量物资相助，以维持我们现有的生活方式。我们需要私家车、公交车和火车以抵达四方；我们需要住宅以居于其中；我们还需要容器来收纳物品。在解决许多这类需求时，塑料这种材料发挥出了它的神奇作用。相对于金属、玻璃和木材，塑料通常制造成本更低并且用途更广泛。它刚柔并济，它变化多端，它还是地球上最耐用的材料之一。

塑料具有了这么多特性，你一定会认为它极具价值，甚至弥足珍贵！不幸的是，这种神奇材料的40%都被浪费在了制造用后即扔的一次性包装上。你很可能每天和这些包装打交道，像汽水瓶、塑料袋和泡泡包装（尽管捏破泡泡包装其乐无穷），这些废料一般会走向填埋场或焚烧炉。有时，一些幸运儿会被循环利用，但多数情况下，它们被排到环境中去。事实上，每分钟就有相当于满满一卡车的塑料废弃物被倒入海洋中，数量实在惊人。

我们的海洋正在被塑料淹没！如果我们想在这个星球上有未来的话，就一定要拯救星球。而第一步，就是要对塑料、对我们面临的问题和可能尝试的解决方案了解得越多越好。

在本书中我们将探询如何制造塑料，塑料如何进入海洋以及塑料如何影响万千动物的命运。我们也将看到人类如何扭转塑料污染的形势，甚至是个人如何对这一全球危机有所作为。

让我们切莫拖延。塑料问题确实存在，请继续读下去，并一同成为解决问题的一分子吧！

塑料无处不在。如果没有塑料，纽约时代广场看起来不会如此华丽。

什么是塑料

不同塑料的外观和质地可能很不一样。例如，摩托车头盔具有很硬的塑料外壳，但毛衣的塑料纤维就很柔软。塑料制造的橡皮鸭会浮在水上，而尼龙钓鱼线则会下沉。塑料可以薄如包书用的书皮，也可以厚如操场器械；它可以柔如花园水管，也可以坚如游戏手柄。你一定会好奇，具有这么多特性的塑料到底是什么？

从一到多

每种塑料都独一无二，但它们都有一个共同点：由名为聚合物的大分子构成。聚合物由许多名为单体的小分子组成。让我们看看单体和聚合物的英文前缀MONO和POLY的含义：

"plastic"（塑料）一词源自希腊语 plastikos，意为"可塑的"。

MONO 意为一	**MER** 意为部分（单数）	**= one part** （单体）=一部分

POLY 意为多	**MERS** 意为部分（复数）	**= many parts** （聚合物）=多部分

把一个曲别针想象成一个单体，之后把一堆曲别针想象成一堆单体，现在将所有曲别针连成链条，它就成了一个聚合物。

一个曲别针	多个曲别针	曲别针链条

一个单体	多个单体	聚合物

乙烯

这个单体称作"乙烯"。它由两个碳原子和四个氢原子组成。分子可以用分子式表示，乙烯的分子式是C_2H_4。

聚乙烯

这个聚合物由多个乙烯分子组成，所以命名为聚乙烯。你将在本书中了解到的许多塑料的重要原料都是聚乙烯。

塑料主要分为两个聚合物家族，热塑性塑料和热固性塑料。热塑性塑料遇热变软，遇冷变硬。洗发水瓶、橡皮鸭和花园水管是典型的热塑性塑料。相反，热固性塑料一旦制成不会变软。牛奶盒、坚硬的汽车和飞机部件是典型的热固性塑料。

怎样
制造塑料

塑料基本是人类的发明。然而，自然界也有"天然塑料"。古墨西哥的史前人类奥尔梅克人（Olmecs）就曾用橡胶树制造橡胶！很久之后的1856年，亚历山大·帕克斯（Alexander Parkes）用木纤维——一种能使树枝和其他植物变得坚韧的物质——制造了赛璐珞。

第一种合成塑料电木（bakelite）发明于1907年。它以发明者里奥·贝克兰（Baekeland）的名字命名，是第一种用化石燃料而非动植物制成的塑料。制造电木用到了酚，它是一种用煤炭制成的酸。正是由于电木的发明，我们才能够开始去理解如今的塑料是怎样被制造出来的。

从原油、天然气到塑料微粒

制造塑料需要大量工序。这是因为99%的塑料是由原油和天然气等化石燃料制成的，所以为了制造从耳机到牙刷的许多产品，需要从地下开采、提炼和转化化石燃料。

钻井

可以通过在陆地或海中钻地下井，开采石油和天然气之类的化石燃料。化石燃料是由在沙石下埋藏了千百年的远古动植物尸体（即化石）分解而形成的。周围的沙石不断对逐渐腐烂的动植物施以压力和温度，就会将它们变成燃料。石油公司向地壳中打钻、造井并将燃料泵出（此方法常用在美国加利福尼亚州等地）。油井既可以钻在陆地上，也可以钻在大洋中间的海床上。

提炼

通过提炼过程将水、二氧化碳和硫从地下开采的石油中去除。原油是由各种分子组成的黏稠深褐色混合物。通过加热可以将原油的不同分子分层。

裂解

这是一个将分子分解成更小的物质的过程。这些更小的分子名为单体，是塑料的组成部分。

聚合

催化剂（即能加速化学反应的物质）被加入单体中，使单体连接在一起形成聚合物，这个过程称为聚合。各种各样不同的塑料可以统称为"聚合物"。在聚合阶段，有其他的化学物质被加入塑料中以改变塑料特征。其中一些能给予塑料明亮的颜色，另一些能使塑料更加柔软或坚固。

塑料微粒

聚合物液体被冷却并切成极小的颗粒，这些部分称为"塑料微粒"。塑料微粒的大小为1~5毫米。本页周围这些点代表2毫米大小的塑料微粒。塑料微粒被运往世界各地并用于制造数千种不同的物品。

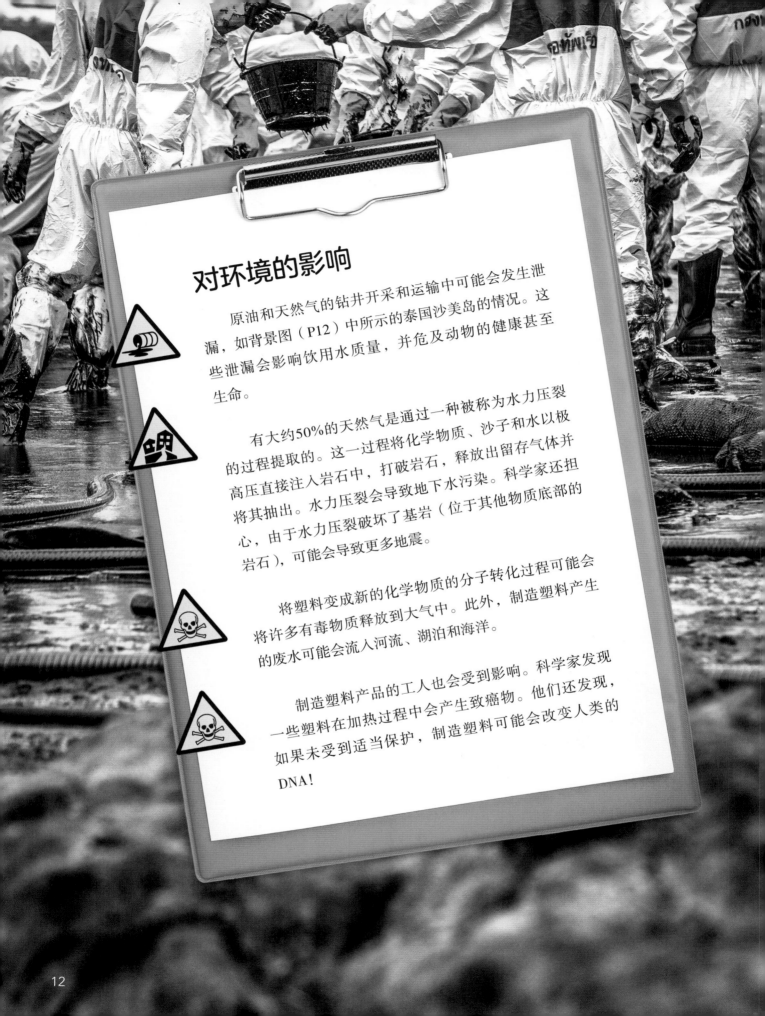

对环境的影响

原油和天然气的钻井开采和运输中可能会发生泄漏，如背景图（P12）中所示的泰国沙美岛的情况。这些泄漏会影响饮用水质量，并危及动物的健康甚至生命。

有大约50%的天然气是通过一种被称为水力压裂的过程提取的。这一过程将化学物质、沙子和水以极高压直接注入岩石中，打破岩石，释放出留存气体并将其抽出。水力压裂会导致地下水污染。科学家还担心，由于水力压裂破坏了基岩（位于其他物质底部的岩石），可能会导致更多地震。

将塑料变成新的化学物质的分子转化过程可能会将许多有毒物质释放到大气中。此外，制造塑料产生的废水可能会流入河流、湖泊和海洋。

制造塑料产品的工人也会受到影响。科学家发现一些塑料在加热过程中会产生致癌物。他们还发现，如果未受到适当保护，制造塑料可能会改变人类的DNA！

用塑料制造产品

　　塑料微粒是怎样转化为我们认识的东西，比如杯子或飞盘呢？塑料的制造商通过加热将塑料微粒转化成具有一致性的可塑材料，之后将加热的塑料注入模具（可以将物质注入内部的模具称为"可注射模具"）。塑料冷却后，被从模具中推出。塑料可以以比其他大多数材料更快的速度加热和冷却，这意味着塑料很容易被加工。这是塑料产品造价便宜的原因之一，它可以很快被加工成几乎任何形状。塑料也比很多其他材料轻很多。因此，由于塑料微粒比较轻，将一桶塑料微粒运往全球比运送钢卷和原木便宜得多。制造塑料的原料价格也很便宜。塑料无处不在的一个重要原因就是它的生产成本可以被压至极低。

全球每年生产的塑料超过3.11亿吨。这与900多栋帝国大厦一样重！

乐高多多

乐高公司完善了塑料制造工艺。他们将ABS（丙烯腈-丁二烯-苯乙烯）塑料微粒加热并注入特殊砖块形状的模具。乐高工厂不止有一种模具——各种模具有的是！乐高公司每秒制造超过1000块积木，这意味着他们每年能制造约360亿块积木！

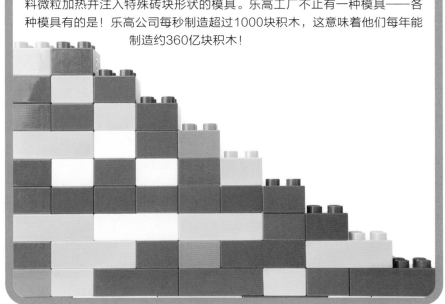

家用塑料

你每天与多少塑料制品生活在一起？试试这样做：明天早上当你起床时，数数你接触到的所有塑料制品。笔者每天日常起床后的20分钟内会接触到37件塑料制品。

发达国家的多数人家中都有大量塑料，而且它们各式各样！这些塑料的名字冗长，有时甚至难以发音。这些很难发音的名字描述了用于生产可改变结构、形状、质地和用途的塑料的化学物质的种类。

聚甲基丙烯酸甲酯（PMMA）
用于制造能够防摔的玻璃替代品。这种材料是如此坚固以至于能够防弹！PMMA也用于制造丙烯酸涂料。

聚对苯二甲酸丁二醇酯（PBT）
你知道多数汽车车身的8%是塑料制成的吗？PBT是这些塑料中的一种。这种坚固的塑料可以承受车祸之类的撞击。因此，保险杠上的PBT可以保障司机和乘客的安全。

聚对苯二甲酸乙二醇酯（PET）
是世界上最常见的塑料，它可以用来制造服装、家具和地毯中的纤维，也可用于生产食物包装。

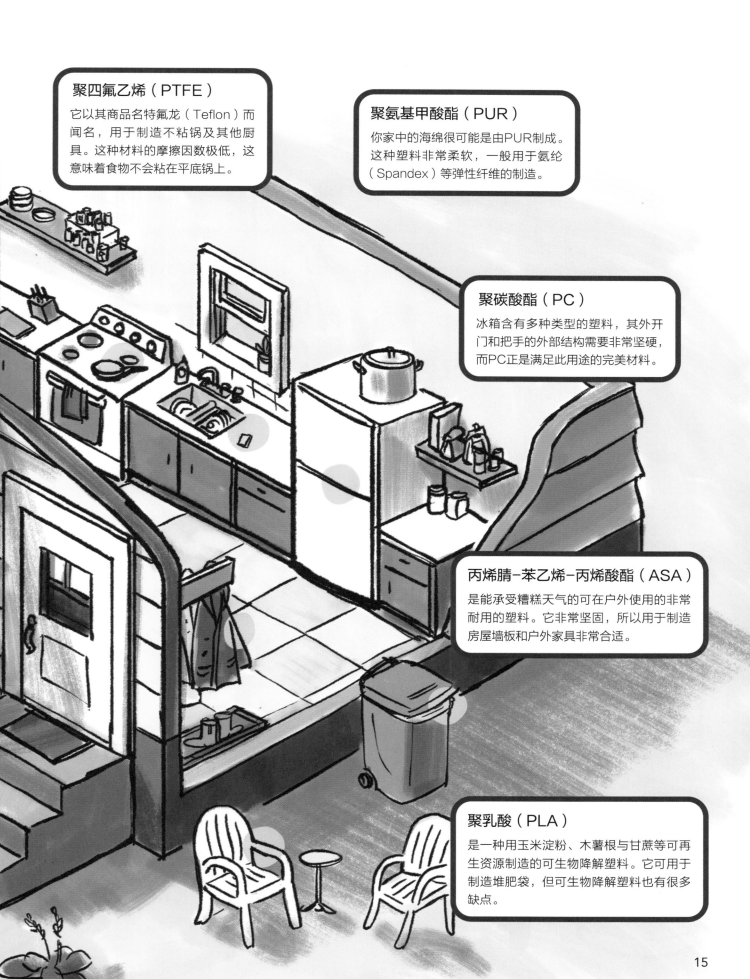

聚四氟乙烯（PTFE）

它以其商品名特氟龙（Teflon）而闻名，用于制造不粘锅及其他厨具。这种材料的摩擦因数极低，这意味着食物不会粘在平底锅上。

聚氨基甲酸酯（PUR）

你家中的海绵很可能是由PUR制成。这种塑料非常柔软，一般用于氨纶（Spandex）等弹性纤维的制造。

聚碳酸酯（PC）

冰箱含有多种类型的塑料，其外开门和把手的外部结构需要非常坚硬，而PC正是满足此用途的完美材料。

丙烯腈-苯乙烯-丙烯酸酯（ASA）

是能承受糟糕天气的可在户外使用的非常耐用的塑料。它非常坚固，所以用于制造房屋墙板和户外家具非常合适。

聚乳酸（PLA）

是一种用玉米淀粉、木薯根与甘蔗等可再生资源制造的可生物降解塑料。它可用于制造堆肥袋，但可生物降解塑料也有很多缺点。

食品店中的塑料

人们去食品店采购时常常带一堆塑料回家。如果你想知道产品包装所使用的塑料种类，可以查看标签。它常常被印在容器底部，称为塑料分类标志。例如你可以在薄荷包装罐的底部找到♺这个标志，5代表聚丙烯，它有时也用PP表示。你在家中能找到多少不同的塑料分类标志呢？

再生型聚对苯二甲酸乙二醇酯（RPET，塑料分类标志1）

当PET被循环利用时，该材料被分解以制成新产品，比如这个草莓盒！只有清洁的PET才能被融化制成新产品，这就是在将容器放入回收箱之前要清洁干净的重要原因。

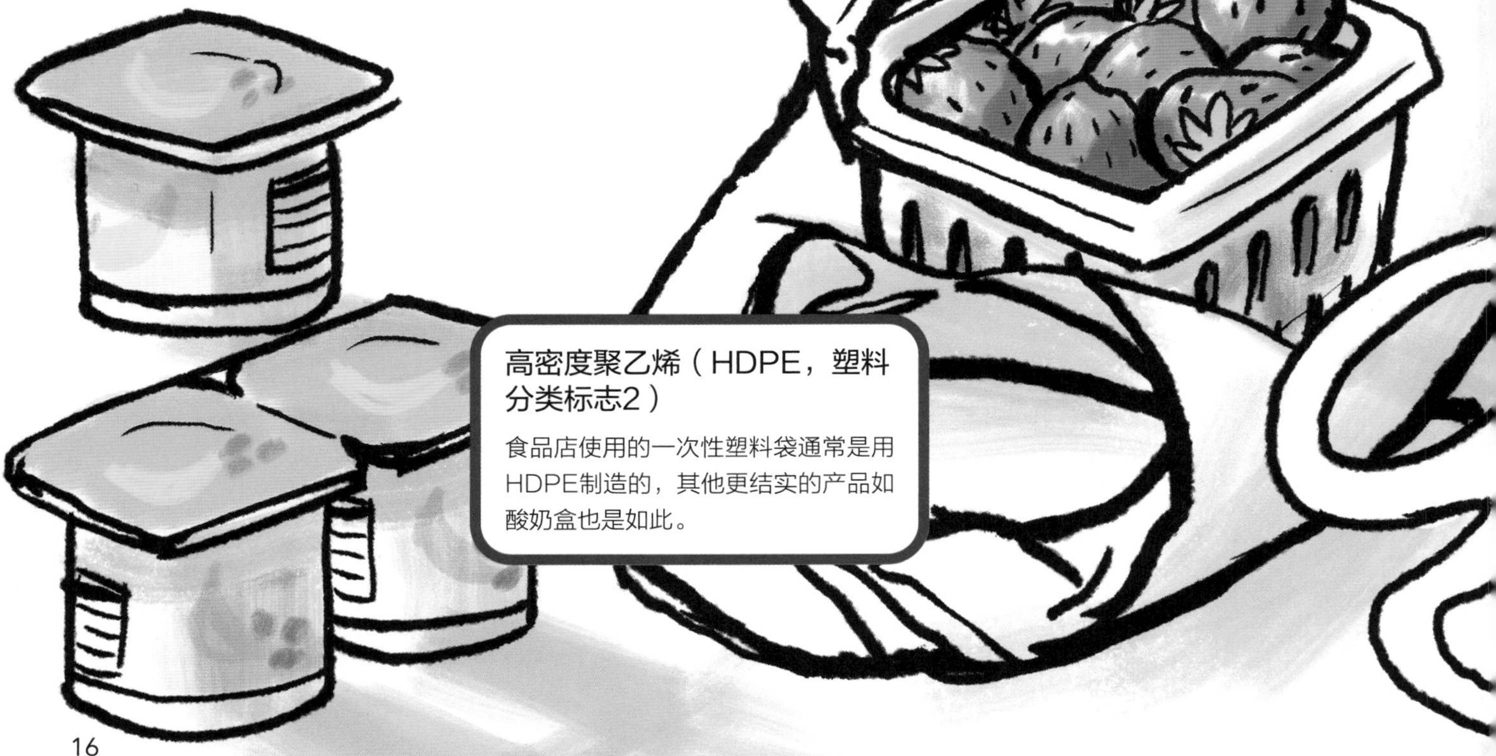

高密度聚乙烯（HDPE，塑料分类标志2）

食品店使用的一次性塑料袋通常是用HDPE制造的，其他更结实的产品如酸奶盒也是如此。

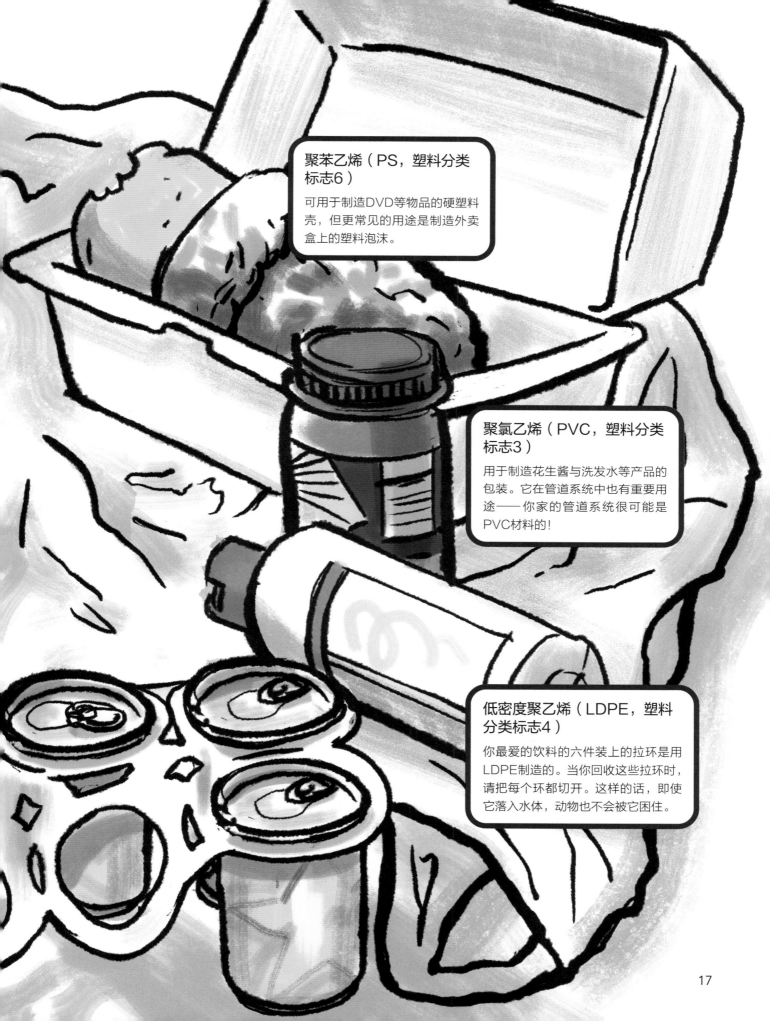

聚苯乙烯（PS，塑料分类标志6）

可用于制造DVD等物品的硬塑料壳，但更常见的用途是制造外卖盒上的塑料泡沫。

聚氯乙烯（PVC，塑料分类标志3）

用于制造花生酱与洗发水等产品的包装。它在管道系统中也有重要用途——你家的管道系统很可能是PVC材料的！

低密度聚乙烯（LDPE，塑料分类标志4）

你最爱的饮料的六件装上的拉环是用LDPE制造的。当你回收这些拉环时，请把每个环都切开。这样的话，即使它落入水体，动物也不会被它困住。

塑料多多，
废物多多

十亿不是小数字。但它究竟有多大？写成数字的十亿是这样的：1 000 000 000。十亿比一百万大得多——它是一千个一百万！

我们大量生产塑料已经有约60年。这么短的时间内，我们就已经制造了83亿吨塑料！那么83亿吨有多少呢？看看这个，如果地球上所有人站在一起，我们加起来的重量都没有这么重。事实上，全世界人口的总重量乘以26才和我们所制造的塑料一样重！问题是大多数塑料最终都变成了废物。实际上，我们创造的83亿吨塑料中，有63亿吨塑料最终变成废物。这意味着我们制造的所有塑料中有76%都变成了垃圾！

难以循环

塑料有两种主要类型：热塑性塑料和热固性塑料。热塑性塑料是可循环的，它们易于融化并变成新产品。热固性塑料是不可循环的，不论怎样加热，它们都不会融化。这类塑料成为垃圾后通常被焚烧，变成灰尘、气体和热量。

废物都去哪儿了？

　　许多塑料制品在被丢弃之前已经被我们用了很久，比如计算机和踏板车。但我们制造的塑料近半数是用于包装的，比如这页上画的泡泡包装。这种包装通常是一次性的，这意味着我们将它用后即扔。每分钟，全世界的人会扔掉共计100万个塑料瓶和900万个塑料袋。这些塑料废物将去向各处，你也许想不到具体去了哪里。所以它们都去哪儿了？

63亿吨塑料

12%　　　　　　　　　　79%　　　　　　　　　　9%

焚烧

塑料废物中有12%被焚烧了。焚烧的意思是通过燃烧来将东西毁掉。这种方法将塑料废物分解成灰尘、气体和热量等副产物。然而，焚烧塑料的行为具有有害副作用，包括排放导致气候变化的温室气体，以及对人类和动物有害的二噁英。

填埋场/自然环境

塑料废物中有79%最终走向填埋场。塑料被设计得结实耐用，这意味着需要用1000年将其降解。然而事实往往是原本要进入填埋场的垃圾最后被排放到环境中，其中大部分进入了海洋。科学家估计每年有800万吨塑料进入海洋中。这相当于每分钟将一辆垃圾车的垃圾丢入海洋。

循环利用

不幸的是，仅有9%的塑料被循环利用。为什么这个比例这么低呢？原因之一在于许多可回收塑料被放入了垃圾箱而非回收箱。一些社区的回收厂可能回收不了所有种类的塑料。塑料无法被循环利用的另一个原因是它们很脏。一切有食物残留的塑料都是不能被循环利用的——除非你把塑料洗干净！

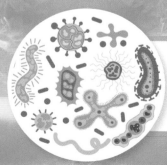

一直以来，大家都认为细菌不能分解塑料。然而，在2016年科学家发现一种学名为 *Ideonella sakaiensis* 的细菌可以分解塑料！借助一种可以加速塑料降解的稀有酶，这个小家伙为目前塑料废物的困境带来了光明。然而 *Ideonella sakaiensis* 并不是能够终结一切塑料废物的金钥匙！

填埋场的塑料

填埋场的塑料是个大问题，如下图马尔代夫的情况所示，因为它们能存在几个世纪并产生恶心的副产品。

1000年

在填埋场，木材、食物残渣和其他有机物将经历一个称为生物降解的过程。这意味着细菌和真菌等微生物分解了废物，将其变成土壤等其他自然之物。但真菌和细菌分解不了塑料，所以塑料无法被生物降解。一些塑料（如水瓶）需要用400～1000年才能分解！

危险的渗滤液

当雨落在填埋场时，水渗透过垃圾并从中吸收物质。如果填埋场中有塑料，水就会吸收一些用于制造该塑料的化学物质。最终，雨水从填埋场中流出，这些流出的水称为渗滤液。渗滤液富含化学物质，如果渗入地下水、土壤与河流，可能会产生污染。

光降解

当太阳的紫外线将制造塑料的聚合物的链条打开时，光降解就发生了。这使得塑料很易碎，并开始碎成小块。但这样的塑料不会真正消失，它们会继续分解直至变成极小的微型塑料。微型塑料极易被动物食用，这会引发许多其他问题。

从陆地到海洋

塑料如何大量进入海洋？

生产流失

塑料在变成任何产品之前只是很小的塑料微粒。塑料微粒还没有这个点●大，这么小的东西很容易丢失。你有没有试过把一袋珠子或豆子倒入罐子里？你很可能撒出来一些。塑料微粒也会发生相同的事。天长日久，每年有上百万这样的微粒进入河道之中。

吹入风中

塑料很轻，所以当垃圾泛滥在垃圾箱或填埋场时，特别是被直接丢在地上时，它们会被风卷起吹入河里。此外，下雨时，地上的垃圾会被冲进污水系统，最终排进大型水体之中。

百川归海

在每年进入海洋的约800万吨塑料之中，有半数来自河流。垃圾管理很差或是压根没有管理的地区的河流排放了很多垃圾。同在一个星球上，如果我们想战胜塑料危机，就需要支援这些地区并帮助它们建设或升级其废物管理系统。

从海岸到珊瑚

从太空中看，地球绝大部分都是蓝色的。为什么呢？因为我们的星球表面大部分是水——准确地说71%是水。所有水中有97%是海洋，海洋具有自己的景观和生态。从极寒的深海到珊瑚礁密布的温暖地带，塑料污染都在大行其道。如果你把每年排进海洋的废物沿着世界的海岸线堆放，你会发现海岸线上约每30厘米有5包塑料垃圾！

海岸

在印尼布纳肯岛的海岸，塑料瓶、包装、捕鱼浮标及其他大物件组成了可见的一堆，但在海岸上最常见的废物之一是香烟头。一些研究发现，香烟头占据了海岸线垃圾的50%。吸烟者可能会认为香烟头会被生物降解而把它们扔在地上，但这不是事实。制造香烟过滤嘴的微型塑料会长期存在。海岸线废物的另一个主要源头是从海洋里被冲上岸边的微型塑料。在海岸线上每250毫升沙子或沉积物中就有2～30个塑料微粒。

岛屿

　　岛屿也不能免于塑料残渣之害。图中是亨德森岛（Henderson Island）——太平洋南部的一座无人小岛，它有世界上最密集的塑料废物。科学家估计在这个岛上，每平方米有671件塑料物品。

海面

　　大量塑料漂浮在水面！为什么呢？因为密度呗！密度的意思是组成物体的分子排列在一起的疏密程度。如果塑料比海水密度大，它会下沉。下沉塑料的例子有聚苯乙烯和尼龙。但聚乙烯和聚丙烯等低密度物质会漂浮起来！这些漂浮塑料会连成大块废物并在海洋表面起伏。

珊瑚

　　珊瑚礁是海洋的育儿所。它们为数百万鱼类和其他水生生物提供了家园，并通过阻断暴风雨中的巨浪来保护海岸。如今珊瑚礁受到气候变化的威胁，并且这种威胁会被塑料污染加剧。

　　当塑料落在珊瑚上，不仅会遮挡珊瑚繁殖所需的阳光，还会用细菌感染珊瑚。塑料为一些有害细菌的生长和迁移提供了完美的环境，包括能导致珊瑚感染"白色综合征"的溶珊瑚弧菌（*Vibrio coralliilyticus*）。这种神秘疾病会给珊瑚表面留下白色条纹，条纹所在之处"寸草不生"。科学家估计仅仅在亚太地区的珊瑚礁上就有110亿件塑料。

陷阱

　　塑料作为制造渔具的材料，从海洋表面到海底都有分布。例如，龙虾陷阱被沉到海洋底部，而为了方便渔夫们将其找到和取回，这些陷阱上会连着长塑料绳和浮标（浮标是作为标记浮在水体表面的大型物体）。这些陷阱以及渔网给想从中游过的动物带来许多挑战。

马里亚纳海沟

　　马里亚纳海沟在海洋的最深处，其最大已知深度为10 994米。如果你将喜马拉雅山放入海沟，其峰顶仍会在水面2千多米之下！如此杳渺之地一定会纯净无比，对吗？不对，潜水员在那儿也发现了塑料食品袋。

　　令人惊奇的是，马里亚纳海沟的污染程度比世界上最肮脏的河流还要高。研究发现，这一海沟的持久性有机污染物（POP）水平极高。POP很可能是黏附在海面塑料上到达该处，之后在海底聚集。尽管漂浮的塑料很多，但沉底的也不少！相关研究预测，90%的微型塑料最终都会沉入海底。

致命残渣

随着塑料废物在地球的每个角落的分布，超过1000种动物深受其害。已知这些物种中有700余种会食取塑料，并且有上百万的动物被困或被缠在塑料之中。然而，塑料对海洋动物来说才是最危险的。以下是一些物种竭尽全力在满是垃圾的水体中生存的事例。

露脊鲸

塑料污染对露脊鲸的危害最大。地球上仅残存411头北大西洋露脊鲸，再过不到20年这种巨型哺乳动物可能会消失。这些鲸鱼死亡的首要原因正如图（P27）所示，是被缠在渔具里。即便志愿者将鲸鱼从网中放出，留下的伤口也会使它们面临感染的风险。

它们不是唯一一种受到塑料污染影响的鲸鱼。2019年，在菲律宾发现一头胃中含有40千克塑料的居维叶喙鲸，其中包括塑料袋和捕鱼绳。类似地，一头领航鲸在死后被发现胃中含有8千克塑料废物，其中有80多个塑料袋。

线与网的迷宫

捕鱼业制造的大量塑料废物最终流入海洋。商业捕鱼者用线和网捕捉了大量鱼类和海鲜，而他们有时会把网和线抛诸船外。这些线和网被留在海洋中漂浮。每年有约64万吨渔具被丢弃，数千只哺乳动物和海鸟最终陷入渔具的迷宫里，非死即伤。

海鸟

海鸟被认为是海洋环境整体健康状态的指示物。念及此处，我们应当倍加留心！从20世纪50年代至今，海鸟种群减少了67%，塑料对此剧减发挥的作用不小。1960年时，塑料仅在少于5%的鸟胃中被发现，而如今这一数字是90%。在澳大利亚、南非与南美等地，鸟腹中塑料的数量甚至更多，这些地区的海岸线离大片漂浮塑料很近。

鸟类会食取哪种塑料？常见的物品包括经受浪打日晒的服装纤维、袋子、塑料瓶盖和小塑料片。锋利的塑料可能刺穿鸟的内脏或阻塞其呼吸道，使其无法呼吸。但更常见的是，食取塑料的鸟会死于它无法消化的满胃塑料。胃里的塑料会使其变重而无法飞翔，也会使鸟胃没有存储真正食物的空间，许多鸟因此饿死。一些海鸟比其他种类更易受塑料影响：

你能看出不同吗？

上边的图是一簇鲱鱼卵，下边的图是一堆塑料微粒。鱼卵是许多物种食谱的重要组成部分。现在想象你是一只不知塑料为何物的鸟。当两张图片所示之物如此相似时，很容易得出动物食取塑料的原因。

肉足鹱

　　肉足鹱比任何海鸟甚至任何海洋动物食取了更多塑料。同黑背信天翁类似，鹱在水面捕食，并会误把塑料当成幼虫或鱼卵食取。研究者在一项研究中发现一只体内含有276片塑料的鸟，塑料占其体重的14%。这些塑料阻碍了鸟对食物的正常摄入，而科学家还发现了塑料对鸟产生的化学作用。塑料的表面富集了微小的金属和污染物，当鸟类食取塑料时，这些污染物被引入动物血液中。鹱食取越多塑料，它们体内的污染物水平越高——包括具有神经毒性的金属铬。

黑背信天翁

　　这些神奇的鸟（见图）翼展超过1.8米，并且与配偶从一而终。黑背信天翁喜欢掠过水面用喙捕食鱼类。这种捕食方法会使其误食许多浮在水面上的塑料。成鸟会把捕获之物喂给幼鸟，这些幼鸟无法去除塑料，以至于塑料进入其胃中。在夏威夷，死去的黑背信天翁幼鸟中有97%被发现胃中有塑料。

闻起来像食物？

许多海洋塑料上有藻类生长。藻类分解时会发出臭味，这是一种称为二甲硫醚的化学物质。鸟类、海龟、鲨鱼和鲸类已经习惯将该化学物质的气味与食物相联系，所以如此多的动物误把塑料当作美味佳肴也就不足为怪了。研究者发现一个物种越喜欢这种气味，就会食取越多的塑料。

海龟

　　海龟喜食水母！不幸的是，塑料袋和水母看起来很相似。这对于海龟是坏消息，因为摄入塑料袋会引起胃阻塞。如果海龟胃中有过多塑料，它就无法摄入食物，从而导致营养不良甚至饿死。如果海龟没有得到足够的营养，将会影响其幼仔的生长。一项研究估计全世界52%的海龟会食取塑料残渣。

　　海龟不仅会食取塑料，还会被塑料困住。已有海龟被发现困在渔网、塑料绳、六件装饮料拉环、风筝线和其他塑料包装里，其死亡的过程会很长。有时海龟在死前已经被困住长达一年。

海狮与海豹

　　海狮与海豹是好奇心强、贪玩又有趣的生物。对阿拉斯加星海狮种群的研究发现，盒子包装带、绳子和废渔网会缠在它们的脖子上。研究者猜测，它们贪玩的天性往往引诱它们和塑料废品玩耍，这会导致它们被缠住并受伤。

鱼类

有人预计到2050年，海洋中的塑料将比鱼类还多。其原因在于我们每年持续丢弃越来越多的垃圾，而这些垃圾正在杀死鱼类。塑料数量持续上涨，鱼类数量却持续下降。和其他动物一样，鱼类也会被塑料困住以及食取致命数量的塑料，最近的一项研究发现塑料还会损害鱼的肝脏。和人的肝脏一样，鱼的肝脏可以过滤杀虫剂和污染物等毒素。鱼类食取越多塑料，其肝脏就会受到越多损害，鱼自身也会受到越多损害。

鲸鲨

鲸鲨是世界上最大的鱼！它们在游动时巨口大开以捕获浮游生物，浮游生物即漂浮在水中的小型生物。这种方法称为滤食。一只鲸鲨一天吞噬的水量几乎相当于你喝掉4万瓶两升装的汽水。在吞噬这么多水的过程中，滤食者摄入了大量微型塑料。研究显示，食取微型塑料会影响鲸鲨的生长、繁殖和身体健康。然而仍需更多研究来帮助更好地理解塑料对海洋动物的危害。其他受到塑料影响的滤食者包括蝠鲼和许多鲸类。

橡皮鸭之旅

塑料进入海洋的另一途径是从船上掉进去！世界海运理事会估计平均每年全球会损失350个海运集装箱。这些在海上遗失的集装箱包括一个装着300万片乐高玩具的，一个装有34 000副曲棍球手套的和一个装有5万双耐克鞋的，好多的塑料啊！

然而有一只集装箱更是匪夷所思。1992年1月10日，一艘船冒着暴雨从中国香港驶向美国华盛顿州的塔科马。该船在汹涌海水中遗失了12只集装箱。其中一只装有28 000余件浴缸玩具。其中有红河狸、绿青蛙和蓝海龟，但大多数是黄色橡皮鸭。黄色橡皮鸭不像许多浴缸玩具，它的底部没有孔，因此它们可以漂浮在水面却不进水。从此时起，这些玩具开始了一场梦幻之旅。

许多橡皮鸭很可能留在它们从船上下落之处附近的一个圈中。这种圈称作海洋环流，在本案例中是北太平洋环流。

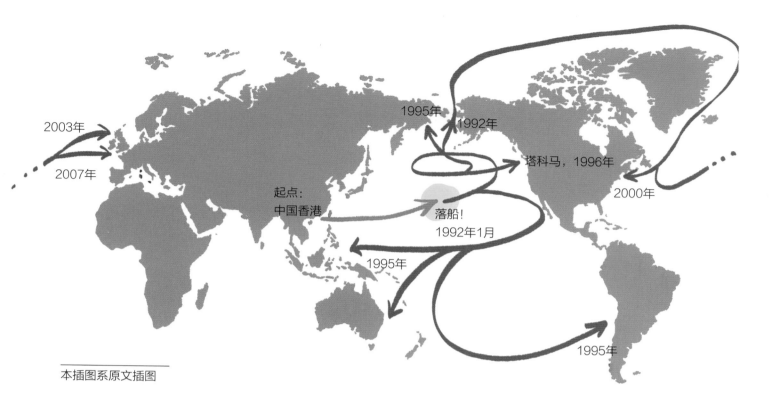

本插图系原文插图

目的地阿拉斯加，目的地澳大利亚

8个月后，在阿拉斯加州锡特卡沿岸发现了数百只橡皮鸭，距离它们落船处超过3500千米。这让海洋学家柯蒂斯·埃贝斯迈尔（Curris Ebbesmeyer）萌生了一个主意，为了了解洋流，科学家把带有信息的瓶子放入海中，看看它们最终停在何处。然而，仅仅释放约1000个瓶子任其乱漂意味着最终能够上岸的只有很少的瓶子。但现在有28 000多个漂浮的浴缸玩具可以追踪了！所以埃贝斯迈尔追踪了橡皮鸭并发现，其中一些北上去了阿拉斯加，一些南下着陆在了澳大利亚、印度尼西亚和南美洲，一些最终到了日本，但更多的成功到达了原目的地美国华盛顿州，比预计晚了整整4年！上图显示了玩具落船后的旅游轨迹。

冻在冰里

神奇的是，一些橡皮鸭甚至去到了比阿拉斯加更北的地方。它们经过白令海峡，这是俄罗斯与阿拉斯加之间的狭窄水道。这些橡皮鸭被冻在海上浮冰里，继续慢慢悠悠地驶向北极。冰雪消融之后，玩具来到了大西洋，并在21世纪初到达了加拿大东海岸。制造该玩具的公司为每只被发现的橡皮鸭提供了100美元奖励！

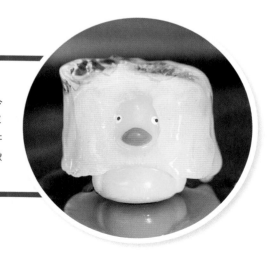

什么是"垃圾补丁"

如果在海洋环流中漂浮的人工制品只有1992年落船的浴缸玩具，那么事情就简单了。这不仅是一个令人喜爱的新闻素材，而且清理工作也会相当简单。然而，目前有1万亿件塑料困在海洋环流之中。海洋环流是循环的洋流形成的漩涡，是快速移动的水环。

这些打转的海水是由洋流、潮汐、温度、盐度（水中盐含量）以及风向共同形成的。主要海洋环流有5个：

1. 印度洋环流
2. 北大西洋环流
3. 北太平洋环流
4. 南大西洋环流
5. 南太平洋环流

本插图系原文插图

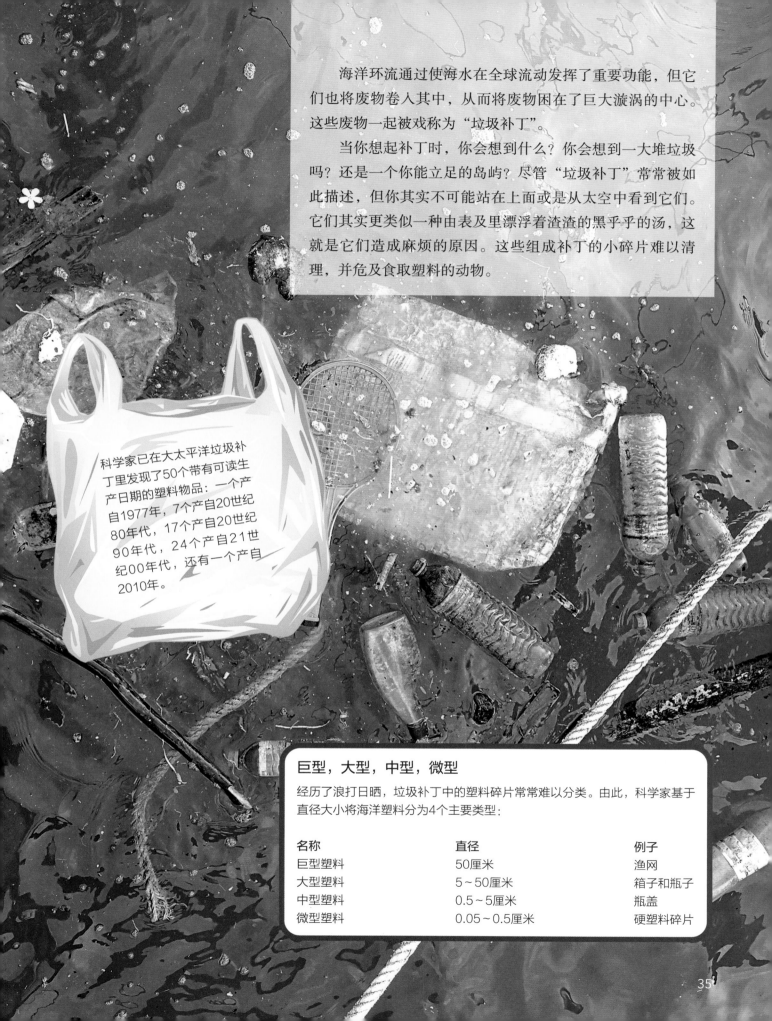

海洋环流通过使海水在全球流动发挥了重要功能，但它们也将废物卷入其中，从而将废物困在了巨大漩涡的中心。这些废物一起被戏称为"垃圾补丁"。

当你想起补丁时，你会想到什么？你会想到一大堆垃圾吗？还是一个你能立足的岛屿？尽管"垃圾补丁"常常被如此描述，但你其实不可能站在上面或是从太空中看到它们。它们其实更类似一种由表及里漂浮着渣渣的黑乎乎的汤，这就是它们造成麻烦的原因。这些组成补丁的小碎片难以清理，并危及食取塑料的动物。

科学家已在大太平洋垃圾补丁里发现了50个带有可读生产日期的塑料物品：一个产自1977年，7个产自20世纪80年代，17个产自20世纪90年代，24个产自21世纪00年代，还有一个产自2010年。

巨型，大型，中型，微型

经历了浪打日晒，垃圾补丁中的塑料碎片常常难以分类。由此，科学家基于直径大小将海洋塑料分为4个主要类型：

名称	直径	例子
巨型塑料	50厘米	渔网
大型塑料	5~50厘米	箱子和瓶子
中型塑料	0.5~5厘米	瓶盖
微型塑料	0.05~0.5厘米	硬塑料碎片

大太平洋垃圾补丁

最大也最广受研究的垃圾补丁就是大太平洋垃圾补丁。在这里你不会发现很多木材、金属或纸张——因为99.9%都是塑料！这里是我们星球上最大的漂浮塑料聚集地，所以它或许应该被戏称为太平洋塑料补丁！

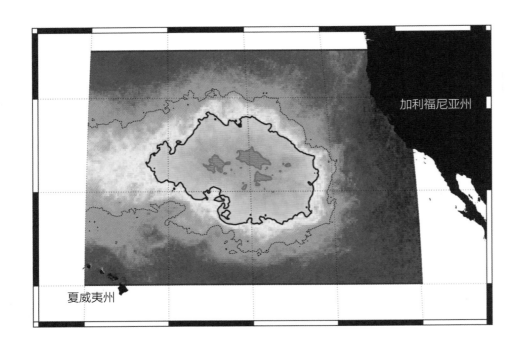

这张合成图显示了大太平洋垃圾补丁的位置。实线和虚线相应表示该补丁的核心和外延。颜色表明了补丁内的垃圾浓度，红色代表浓度最高。这张图强调了该补丁并非是一个垃圾形成的固体岛屿。

本插图系原文插图

由于该补丁更像是汤而非固体，所以很难测量出其真实大小。目前科学家估计它大约为160万平方千米，这可是德国的4倍大。约1.8万亿块碎片组成了该补丁，其重量约为79 000吨，是之前想象的4倍还多，并且还在增加！

根据重量来看，巨型塑料占该补丁比例最大，而根据数量来看，微型塑料占据了该补丁的94%。巨型、大型和中型塑料的较大碎片不断被海浪打碎，并被日光变成微型塑料。这是塑料废物的主要问题：它们会变小，但不会消失！

根据重量来看，废弃渔具是该补丁的主要组成部分，占总重量的46%。如果我们想要解决塑料问题，渔业需要做出许多改变。

36

微型塑料

你认为塑料废物是怎样的呢？你想到的很可能是那些经常被扔掉并且易于辨别的类型，像吸管、购物袋和水瓶。然而，我们面对的最大污染问题之一是一些不被人刻意丢弃并且非常非常小的塑料废物。这个问题就是微型塑料。据报道这些小于5毫米的微小塑料存在于每一片海洋，包括人迹罕至的北冰洋。它们的微小使得它们易于被极其微小的生物食取，比如浮游生物，而且极难被人类发现和清理。

由大及小

塑料不会被完全分解，但会变得破碎。填埋场的塑料需要数百年来变得破碎，但在海洋中就有所不同了。塑料浮在海面经受海浪侵袭和日光降解，几个月内就开始剥落成片！历经岁月，一片塑料残渣可以分解为1百万个极小碎片。

始终很小

多数微型塑料在进入河道时是较大的塑料碎片，随着时间的推移才变得破碎。然而，海洋中的大量塑料开始就很小，并且一直很小。

塑料微粒

你已经知道，塑料微粒是被分解后用于制作几乎所有日用塑料的塑料小球。由于在工厂中偶然撒落或在运输中流失，海洋中漂浮着数十亿塑料微粒。

微珠

微珠通常是添加在牙膏和皮肤清洁产品中的小于1毫米的小塑料粒，它们的质地有助于把东西擦洗干净。这些微珠代替了有粗糙表面的天然制品，如核桃壳和燕麦。包括澳大利亚、加拿大、英国、法国和美国在内的许多国家已经禁止生产厂家在日常清洁化妆品中使用微珠。这是一则好消息，因为当这类含有微珠的产品被洗掉时会流入下水道。废水能被处理，而微珠却不能。在每升废水中能找到多达7个微珠。这听起来好像不多，但当你想到每年被处理的数十万亿升的水时，就不可同日而语了！

循环旋转

你洗过衣服吗？你可能需要清理烘干机过滤器，并发现它里边满是绒毛。绒毛是由从你的衣服上掉落的小片纤维组成的。这些碎片从烘干机和洗衣机里的毛衣和袜子上掉落。每次洗衣会有惊人的700 000余片合成纤维从衣服上掉落。

所以这件事有多严重呢？如果你居住的城市有十万人，在一年中你的城市仅凭洗衣就会产生360千克塑料纤维！这些纤维从机器流向下水系统，但由于它们如此之小——细于发丝——因而不会被过滤掉，而是径直奔向河道。而且聚酯和尼龙等材料制造的纤维要经过数百年才被分解！

小小毒海绵

在水中时，微型塑料像海绵一样从水中吸收大量化学物质。它们的表面被称为持久性生物富集毒素（简称PBTs）的污染覆盖。当动物食取这些被污染的碎块时会把自身也污染！微型塑料已经被发现存在于100多个不同物种体内。被食取时，这些塑料释放危险的PBTs到动物体内。所以科学家是如何知道动物是否食取了微型塑料呢？一个方法是粪便检测！例如，北极的科学家通过收集和检测粪便发现海象在食取微型塑料。这是个难闻的工作，但这都是为了科学！

塑料进入食物网

你是个大活人！为了生存，你需要吃东西。你通过食物获得了营养，它维持了你身体所需，所以你才有力气学习、成长和创造。但如果你以为是食物的东西其实不是食物会怎么样呢？如果每次你进食，都有一定概率吃到塑料而不是营养丰富的食物呢？这种情况每天都发生在全世界的动物身上，塑料已成为食物网的一部分。而究竟什么是食物网呢？

详解食物网

食物网是彼此相连的一系列食物链。食物链是食物能量传递的通路。例如，如果你晚餐吃了三文鱼，那么你可能是如下食物链的一部分：

藻类（浮游植物）→虾→三文鱼→人

如果你吃三文鱼时搭配着西蓝花呢？那你也会是如下食物链的一部分：

西蓝花→人

在三文鱼和西蓝花晚餐的例子中，你是两条不同食物链的一部分。你每天可能吃各种各样的食物。因此，用食物网而非食物链来表示我们的食谱更为合理。

以下是两张食物网。左边是食用鸡肉三明治时的食物网（涉及大量有机环境中饲养的、食用天然食物的动物），右边则是野外食物网。

鸡肉三明治食物网

野外食物网

生产者与消费者

　　每个食物网都包括两组生物：生产者与消费者。植物不吃食物，但它们通过光合作用制造自己的食物。光合作用是植物（比如上面的树）利用阳光把二氧化碳和水转化成供自身生长的能量的过程。浮游植物是一个海洋生产者，它们为许多海洋食物网提供了基础。浮游植物是虾、蜗牛、水母甚至鲸类的食物！

　　消费者无法生产自身所需能量，所以它们要食取或消费食物来生存。你就是消费者！所有动物都是。以下是不同类型的消费者：

植食性动物是主要食取植物的动物。海洋植食性动物包括蚌、鹦鹉鱼和绿海龟等。斑马、牛和鹿是陆地植食性动物。

杂食性动物是同时食取植物和动物的动物。海洋杂食性动物包括浮游动物、蜗牛和螃蟹等。猴子、老鼠和知更鸟是陆地杂食性动物。人也是杂食性动物。

肉食性动物是主要食取动物的动物。海洋肉食性动物包括大白鲨等。狮子、狼和鹰是陆地肉食性动物。

浮游植物

穿梭在网中

食取了塑料的动物被其他动物吃掉会怎样呢？

为了探明此事，让我们看看海洋中的滤食者吧。滤食者是食取从水中过滤的小片食物的动物，例如，蚌食取浮游植物和其他漂浮在水中的微观生物。

科学家最近发现，蚌在滤食时也食取了微型塑料。在每100克蚌中，科学家能发现70粒微型塑料。蚌也是数千种不同动物的食物。

不幸的是，蚌不是唯一食取塑料纤维的动物。浮游动物（如图中磷虾）是在洋流中漂浮的小生物。它们食取塑料纤维，同时它们是包括座头鲸在内的几种动物的重要食物来源。一只座头鲸每天会吃掉500千克浮游动物，这意味着鲸也会吃掉浮游动物体内的塑料。据科学家计算，一只座头鲸每天可能会吃掉300 000粒微型塑料。

因此，由于一些海洋生物食进了塑料，同时较大海洋生物捕食较小海洋生物，塑料将沿着食物网上行。

人体内
有塑料吗

你的体内很可能有塑料。但别慌！你不是独一份。已知超过700个物种会食进塑料。有些动物食进塑料是因为把它当成了食物（人一般不这样），其他动物体内有塑料是因为食取了食进过塑料的动物。这事儿也发生在人身上。除此之外，还有其他塑料进入人体的途径。

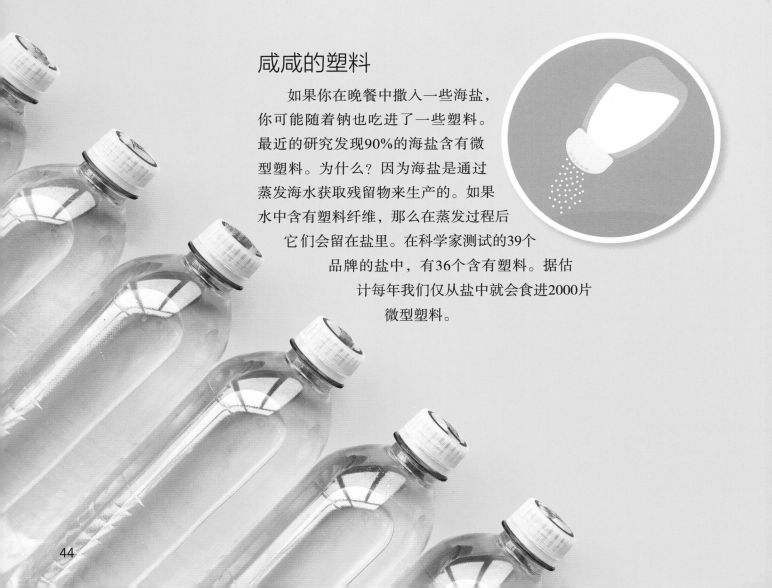

咸咸的塑料

如果你在晚餐中撒入一些海盐，你可能随着钠也吃进了一些塑料。最近的研究发现90%的海盐含有微型塑料。为什么？因为海盐是通过蒸发海水获取残留物来生产的。如果水中含有塑料纤维，那么在蒸发过程后它们会留在盐里。在科学家测试的39个品牌的盐中，有36个含有塑料。据估计每年我们仅从盐中就会食进2000片微型塑料。

随水而下的塑料

这儿有个惊人的统计数字：90%的瓶装水含有微型塑料。科学家发现最常见类型的塑料碎片是聚丙烯，就是用于制造瓶盖的一种材料。这些纤维可能来自瓶盖的碎片，它们也可能是飘浮在空气中再落入瓶内的微型纤维。说真的，我们也不清楚。

科学家还在自来水中发现了塑料，但瓶装水中塑料的浓度比这高得多。所有经测得的水中科学家发现的最高浓度为每升水中有超过10 000片微型塑料。

弥漫在空中的塑料

全世界约有16%的塑料被用于纺织品纤维。合成衣物不仅在被清洗时将微型纤维释放到水中，也在被烘干和被穿戴时将微型纤维释放到空气中。

最近的研究发现，空气中29%的纤维是塑料，而且我们会将这些纤维吸入肺中。不过我们也会将其中的大部分立刻呼出到空气中，这么看还不算太坏。然而，研究发现这些纤维的一部分会顽固地留在肺中，并且如果浓度足够高的话会导致感染。例如，每天和塑料纺织品打交道的人会有更高概率得肺病。

餐饮中的塑料

如果你吃蚌、蛤蜊或牡蛎等软体动物，你也很可能吃到塑料。当你吃软体动物时，你吃下了整个生物，包括它们的胃，这意味着你也吃了它们吃的东西，其中就包含塑料。

然而当你吃鱼时，你不会吃它们的胃，你只吃它们的肌肉组织。目前有科学家表示，微型塑料不会从胃迁移到肌肉组织。但或许还是有另一条途径使得塑料从鱼进入你体内。科学家在研究纳米塑料——纳米甚至比微型更小。这些纳米塑料纤维是如此细微以至于基本不可见。这些细小纤维能在细胞、组织和器官之间移动。科学界刚刚开始对此课题开展研究。

塑料有毒吗

"化学物质"一词常常使我们联想到不好的事，因为它与清洁用品和杀虫剂等事物有关。但许多化学物质，比如水（由两个氢原子和一个氧原子组成，H_2O），对生命至关重要。事实上，你身边万物都是由化学物质组成的。

然而，一些化学物质，像许多家用清洁剂和杀虫剂中的化学物质，真的对我们很有害。没错，一些有害化学物质存在于塑料中。但它们对人类造成的风险是什么呢？

理解毒性

在我们判断使用塑料有多么危险之前，我们必须先要理解毒性。毒性是衡量化学物质改变或损害人体程度的尺度。然而，重要的是要牢记，即便某种化学物质能损害人体，该化学物质能够造成伤害的量要远比人类实际可能接触到的量高得多。

剂量一词是科学家用于表示人类可以承受而不受到显著伤害的某种化学物质的平均数量。换言之，超过最大建议剂量会导致中毒，并且接触这种水平的化学物质也是有毒害的。

例如，巧克力含有一种称为可可碱的化学物质，它在某种情况下可能有毒。如果你一下子吃掉85根最大尺寸的巧克力棒，你可能会摄入超过最大剂量的可可碱。类似地，吃掉太多香蕉会使你摄入致命量的钾（是一种矿物质，适量的钾是人体维持正常功能所必需的）。

甚至水，只要足够大量，就能使你中毒。

巧克力、香蕉和水对你没有危害，但只要剂量足够大那么任何事物都可能对你造成伤害。按科学家说的话是"毒性源自剂量"。

不同塑料，不同毒害风险

不同塑料具有不同成分。因此，当评估某种塑料是否有害时，我们不能对所有塑料一概而论。然而，许多种塑料中添加了相同的成分，称为"塑化剂"，它们很危险。最常提到的两种添加剂是双酚A（BPA）和邻苯二甲酸盐。

BPA

BPA被添加到清洁的硬塑料中，如用于制造可重复使用水瓶的塑料。BPA也用于制造环氧树脂，作为金属容器的内衬材料使内部食物保鲜，比如金枪鱼罐头。然而，BPA可能从容器中释放出来并进入你的饮食中去，使你在不知不觉的情况下将它摄入。

即使只是拿着塑料容器，你也会从皮肤吸收BPA。如果塑料被微波炉等加热过或放在充满紫外线的日光下，这种效应会更巨大。

一旦BPA进入人体，它会模仿人体激素（激素是将重要信息传送到器官的信号分子，它们帮助调节你的思维和感觉）。剂量足够高时，就会扰乱控制消化、生长和睡眠的人体进程。由于这种潜在伤害，BPA在一些产品中被禁止使用。例如，婴儿对BPA尤其敏感，所以许多国家禁止将BPA用于婴儿使用的瓶子和盘子。

无BPA？
对BPA安全性的担忧导致许多制造商开始制造"无BPA"产品。然而，有研究发现BPA替代品也可能有危险性。其他研究发现，所有塑料都有扰乱人体生物系统的潜在危险。

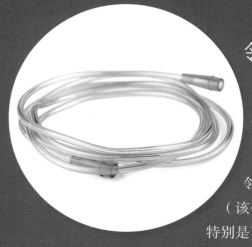

邻苯二甲酸盐

　　邻苯二甲酸盐被添加到柔韧的塑料中。它们存在于用于管道系统的PVC管，医用的输液管，甚至是一些药品的涂层。邻苯二甲酸盐也存在于汽水瓶中（该化学物质能从瓶子进入饮料中，特别是可乐等含有很多酸的饮料）。

　　与BPA类似，邻苯二甲酸盐会扰乱激素活动。有研究认为邻苯二甲酸和先天缺陷（指存在于新生儿的问题）、癌症和糖尿病有相关性。在某些国家，邻苯二甲酸盐在儿童玩具中的使用受到严格控制甚至被禁止，但在其他国家则不然。

热塑料

加热用于外卖食物的舒泰龙泡沫盒会将苯乙烯这种致癌物（意味着它会引起癌症）释放到饭里。

贴有可用于微波炉加热标志的塑料也会释放塑化剂，但其剂量仅为有毒剂量的约1/1000到1/100。不要用任何被刮破、打破或弄脏的容器——它们更有可能释放塑化剂。存疑时就用玻璃，玻璃不释放任何化学物质。

全球性议题

当你和家人把垃圾拿出去放入回收箱时，通常会有一辆卡车经过并将垃圾带到废物管理设施中处理。除了帮忙在家里将废物分类并带到路边（或楼里的垃圾房），你可能不会对废物另作他想。然而，并非世界各地的所有人都是如此。

低收入和中等收入国家的居民被废物深深困扰着——不仅有他们自己的废物，而且有全人类的废物。每天，20亿人——超过世界人口的1/4——没有基本的废物清理服务。他们只能依靠民间的废物拾取者或自己想办法，例如烧掉或丢进河里。

这些与污染相关的后果并不平等地被所有人承受。世界上许多受害最深的人，就像图中的女性废物拾取者一样，就直接处于威胁之中。

污染转移

　　1992年至2018年，有45%的塑料废物被送到中国进行回收利用，包括来自欧洲、北美和日本的大量废物。对于一些国家而言，将塑料输送到中国比在本国处理更为方便。

　　这一切都在2018年1月改变了，中国突然停止接收塑料废物。一些南亚国家，特别是马来西亚，承担了中国以往的角色，但当前欧洲、北美和日本等地运往别国的废物数量减少，并且大量塑料废物根本未得到循环利用。

　　在美国，许多过去将可循环利用物品发往中国的废物公司现在改为将其发至美国填埋场。在中国停止接收废物之前，经营塑料废物对于商人来说是一个赚钱的买卖——将成捆不错的塑料卖给出价高者。而现在同样是这些废物，商人必须花钱让别人接收它们。这一切意味着社会需要重新考量循环利用策略了。

管理不善的废物

　　对于废物的管理不善有很多方面，最主要的有两个：低收入和中等收入国家较差的废物管理设施，发达国家居民使用过多塑料——通常称为过度消费——导致过量废物。

排放海洋废物最多的国家

决定一个国家生成多少海洋废物的几个关键因素：

（1）该国是否有海岸线；
（2）人口规模：大量人口会产生大量废物；
（3）废物管理设施的数量和质量。

如果没有设施或只有很少设施来管理塑料废物，大量废物将最终流向海洋。一些低收入和中等收入国家中人口增长非常迅速，其废物管理设施通常会很差。

如果这些国家将管理不善的废物减少50%，进入海洋的残渣将会减少34%。

全球性议题，全球性解决方案

不幸的是，塑料问题不能只责怪某个人、某个国家或某个产业。我们的健康和海洋的健康有赖于世界各国联合起来并确立全球性解决方案。这意味着更富有的国家要支持需要帮助的国家建设废物管理设施。这还包括呼吁全人类减少生产的废物数量并减少需要用到的一次性塑料的消费。

塑料问题没有单一的解决方案，它需要许多不同的办法。

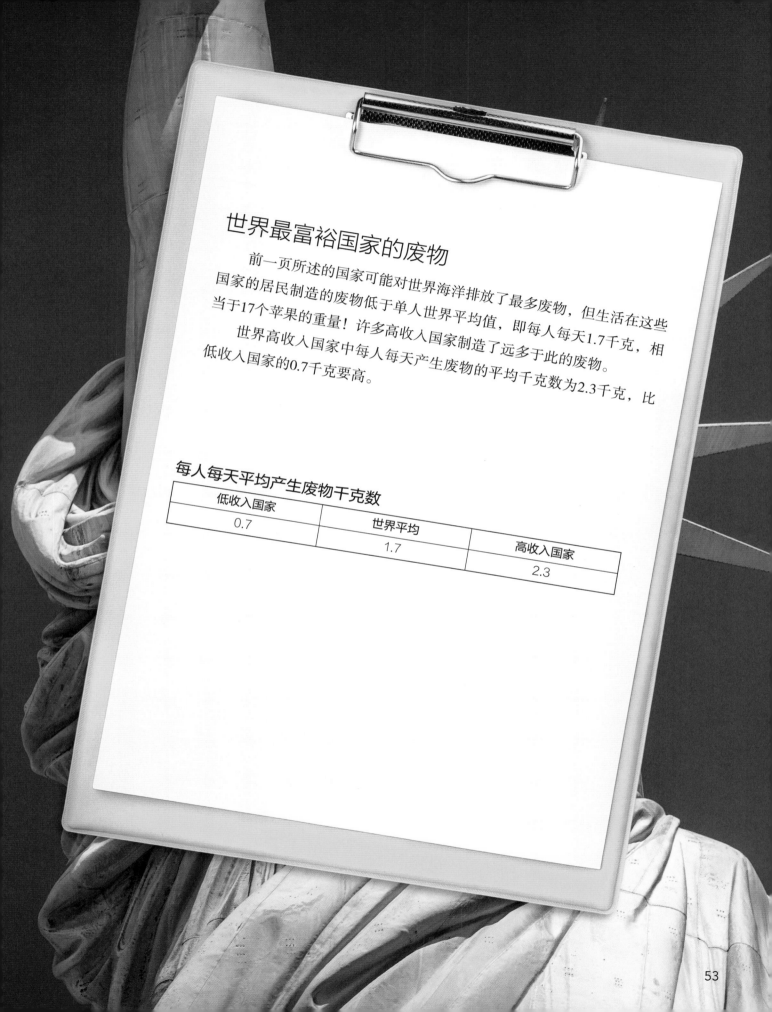

世界最富裕国家的废物

前一页所述的国家可能对世界海洋排放了最多废物，但生活在这些国家的居民制造的废物低于单人世界平均值，即每人每天1.7千克，相当于17个苹果的重量！许多高收入国家制造了远多于此的废物。世界高收入国家中每人每天产生废物的平均千克数为2.3千克，比低收入国家的0.7千克要高。

每人每天平均产生废物千克数

低收入国家		
0.7	世界平均	
	1.7	高收入国家
		2.3

全球性
解决方案：
终端用户

塑料问题是一个复杂的全球性问题。然而即使是大问题，最佳解决方案有时也可以从家庭开始实施。

当有人购买产品并将其带回家或寄出，就被称为"终端用户"。这意味着一个产品被制造、营销并发往门店供人购买和使用，而这些人可能是该产品的最终使用者，之后它将进入填埋场。作为终端用户，我们在保护地球中扮演着前所未有的重要角色。

以下是终端用户（以及为终端用户提供产品的公司）可以作出贡献的一些方法。

消耗更少

我们马上就能做的最好的事或许就是买更少东西，不只是塑料，是一切物品。一些报告指出如今北美人每天消耗的东西是50年前的2倍之多，并且其中一部分并未真正使用。英国也发生了类似的变化，平均每名10岁儿童拥有238件玩具，但平均只玩其中12件。用更少东西意味着更少废物被送至填埋场，更少废物进入海洋，更少来自生产的碳排放，更少产生废水（大量废水被用于制造产品），更少污染。

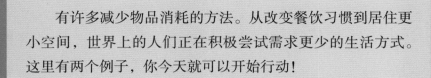

有许多减少物品消耗的方法。从改变餐饮习惯到居住更小空间，世界上的人们正在积极尝试需求更少的生活方式。这里有两个例子，你今天就可以开始行动！

穿更少衣服

服装是世界上最大的废物贡献者之一。一个相对简单的减少消耗的方法就是"333计划"，即3个月内人们将衣柜中的衣物限制在33件。

在一个类似的实验中，玛蒂尔达·卡尔（Matilda Kahl）决心摆脱令人头痛的每天决定穿什么的日子，并穿一件"制服"工作。与其拥有各种不同的衣物，玛蒂尔达购买了足够的完全相同的黑裤子和白衬衣，并每周都穿它们工作。

走向零废物

劳拉·辛格（Laura Singer）在2016年通过将过去4年的废物塞进一个473毫升的玻璃罐的事席卷了新闻头条！她激励了全世界数千人加入零废物运动。零废物运动的目标是没有废物被送进填埋场、焚烧炉和海洋。劳拉循环利用了一些废物并将其制成了肥料，并且实践了在下一章你将了解到的"六个R原则"。从化妆品到咖啡杯，劳拉发现了可重复填充、可重复利用以及对生态有利的废物处理方法。做些研究吧，你将为你能做到的减少个人废物的事而感到惊讶。

跳出塑料盒来思考

人们如何发明新的和更好的做事方法？你也许会认为你需要最新技术或是许多资金，但这些并非必要。想要有所发明，你真正需要的是开放的思维和尝试新点子的勇气。

这里有几个例子说明了个人和公司创造性地尝试从终端用户方面解决塑料问题的简单方法。

略过塑料环

总部位于丹麦的嘉士伯是第一家用胶水替代六件装塑料环的啤酒生产商。没错，与其用塑料环将6个罐子捆紧，嘉士伯使用强力胶将相邻罐子连在一起。这种将6个罐子连在一起的新方法削减了76%的塑料用量，并消除了常常进入海洋并把动物困在其中的可怖的塑料环。这个发明可以用于所有罐装饮料。

去除外卖废物

每天都有数百万人在餐馆订餐，并在之后取回家或送出。通常，一份订单会产生大量垃圾，包括塑料刀叉和一堆番茄酱盒子。为了限制这类废物，一些线上订餐服务在结账时提供了"不用餐具"的选项。向用户提供此选项在一年内为名为无缝点餐的美国外卖食品配送公司节省了超过一百万份餐巾纸和餐具！下次点餐时，记得告诉对方"不用餐具"！

废渔具地毯

废弃渔具残留在海洋中，产生了大量废物，每年会杀死数以千计的动物。为了解决此问题，菲律宾和喀麦隆的社区在渔网工作基金的帮助下，将回收的渔具制成地毯。超过200吨渔网被回收，回收者通常是由于鱼类数量下降而歇业的渔民。他们收集到的塑料足以围绕赤道4圈！这些渔网之后被重制成尼龙线或织成地毯出售。

把瓶子变成学校

要是能把糖果包装纸变成教室会怎样？这是危地马拉一家名为"上前拥抱"的组织正在做的事。通过与当地没有废物管理设施的社区合作，他们帮助收集塑料瓶和其他废弃容器，并在其中填充不易腐烂的垃圾来制成"生态砖"建造学校！从2009年起，这个项目帮助建造了100多所学校。

为什么我们无法完全禁用塑料

塑料吸管仅被使用几分钟便被扔进垃圾桶，它会像其他塑料一样存在1000年并最终流向意想不到的地方，比如海龟的鼻子里。2018年，由于受到一段海龟被吸管伤害的大热视频的触动，全世界的人们都对塑料吸管十分厌恶。从那之后，包括麦当劳和星巴克等公司声明它们将逐渐在其餐馆中停止提供塑料吸管。甚至一些国家和地区也在禁用吸管：2018年7月，西雅图成为禁用塑料吸管的最大美国城市。

海滩上有约83亿根塑料吸管。然而，每年吸管仅构成进入海洋的全部废物的0.025%。一些人由此声称，吸管禁令没有抓住重点并将注意力从更好的废物管理等议题上转移走了。其他人则声称，吸管禁令是促进人们思考塑料使用的绝佳举措，这可以使人们做出更积极的改变。

禁用塑料是个复杂议题。以下是原因：

"绿色的"选择并非总是更好

相较于塑料袋，可重复使用的帆布包似乎是一个更环保的选择。然而，考虑到气候变化时，一项研究发现帆布包比塑料袋更易导致全球变暖，因为其生产和分销需要更多能源和资源。

例如，重复使用一次性塑料食品袋3次与使用棉布手提袋393次的碳足迹相同。类似地，你可以比较两件T恤，一件棉质，一件聚酯纤维（塑料纤维）材质：生产聚酯纤维衬衫比棉质衬衫需要的水少2150升——350升对比2500升。

图书常常有一个用塑料层压制成的封面。通过给封面的纸张加上一层塑料外衣，可以防止它被撕裂并大大延长使用寿命。

非塑料替代品通常更重

　　将塑料用于现代汽车使它们比旧车更轻更省油，这意味着我们用更少的汽油来行走天下。运输塑料制品也比玻璃制品轻得多，例如，如果你想从加拿大蒙特利尔往美国底特律运输两个各装有50瓶果汁的箱子，一箱为1升装玻璃瓶，另一箱为1升装PET塑料瓶，每个塑料瓶将比玻璃瓶少产生约22克二氧化碳。相当于每只箱子减少了超过两浴缸的二氧化碳排放！然而，大多数公司不只发出一箱货物，它们发出成百上千个箱子。这是一件值得思考的事。

塑料能帮助减少食品浪费

　　食品类垃圾是另一项重大环境挑战。在美国约有1/3食物没有被食用，而是被扔掉了！如今许多人声称塑料包装有助于防止食品变质，使之最终被食用而非被扔掉。然而，其他人声称塑料包装促使我们买了超过我们所需之物。例如，许多人会买2.5千克一袋的整包土豆，而不是他们做土豆沙拉所需的4个土豆。由于这比他们所需的要多，将有可能导致橱柜里装满腐烂的土豆！

在一些产业中塑料是必需品

　　例如，健康护理行业完全被塑料所改变，塑料被用于为医生和医院创造能负担得起的安全选择。从机器和实验室设备到人造器官和隐形眼镜，塑料有助于减少医疗成本、降低疾病感染率、将药品带到偏远地区使病人感觉更良好。

限制塑料袋的案例

我们知道，一次性塑料袋会威胁海洋生命，诱导许多动物误食它们。并且，这些袋子通常是不可循环利用的。这使得超过30个国家完全禁用塑料袋。例如，2017年肯尼亚开始实施世界上最严格的塑料袋禁令之一，包括对发现使用它们的个人和企业处以罚款和监禁。这一禁令明显减少了街上的垃圾数量，这对该国十分重要，因为蚊子经常滋生于有塑料垃圾的水中并且传播疟疾这种致命的疾病。

减少塑料袋使用的另一策略是对它们征税。一项美国加利福尼亚州的研究显示，如果食品店免费提供塑料袋，75%的人会说"好的，来一个！"并笑纳。当食品店对每个袋子收取10美分时，需要塑料袋的购物者会减至16%。在丹麦，一个塑料袋要花费50美分，明显高于世界上许多地方的塑料袋价格，这导致多数丹麦人每年只用4个塑料袋。相比之下，美国人平均每天就要用1个袋子（或每年365个袋子）。

"六个R原则"

你可能听说过"三个R原则"：减少（reduce）、重复利用（reuse）和循环利用（recycle）。但你是否听说过"六个R原则"：减少（reduce）、重复利用（reuse）、修理（repair）、拒绝（refuse）、三思（rethink）和循环利用（recycle）？由于如今我们的生活中有大量塑料，限制每个人产生废物的重要性远胜往日。以下列举了你和家人能如何通过应用"六个R原则"来对抗不必要垃圾。

减少

减少意味着制造更少量的废物。以下是实现这一目标的一些方法：

买更少东西：我们常常购买超过我们所需数量的东西。下次你被诱惑买一件新玩具或一双新鞋时，花一些时间考虑一下。在二十分钟后你还是想要它们吗？在三十天后你还是想要它们吗？与其去得到新东西，你能否试试去和邻居或朋友共享旧东西呢？

选择更少包装：当你的父母选择产品时，他们考虑过包装吗？你呢？当你的父母在食品店购物时，或者当你在买一件新玩具时，你或者你的父母能否将准备买的东西换成另一种使用更少塑料的替代品呢？你能买一个没有任何包装的产品吗？在你的社区里找一找是否有一个商店，在那里人们会带着可重复使用的容器，用来放置他们需要的意大利面、坚果和谷物等物品？

更大（有时）会更好

购买大容量产品可以减少包装废物的数量。例如，图中的4个小容器的容量与一个大容器的容量相当，但4个小容器会产生双倍的废物。这是由于表面积与体积之比，即物体的体积（容量）和其表面积的关系。所以，要建议人们仅购买大容量物品，如洗手液，这样它们最终被扔掉就不会制造更多垃圾。

 =

重复利用

与其把东西用一次就扔掉，为什么不重复利用呢？

改造旧容器： 当你的家人用完一个容器时，尝试把它用于别的事。例如，一个空酸奶盒可以被用于存放你的彩笔，一个薄荷罐可以存放你的耳机，你可以在一个旧冰淇淋盒里种一株植物，还可以把一个果汁罐变成一个鸟的给食器。

略过一次性塑料： 要开舞会吗？为什么不让你的父母略过塑料制品并用可重复利用的盘子和刀具来代替呢？你可以主动去洗盘子！要出去喝一杯热巧克力？带上一个可重复利用的大杯！要去商店？带上你可重复利用的包！要去踢足球？带上你可重复利用的水瓶！

某人的垃圾也许是他人的宝贝： 当你需要新衣服时，为什么不让你的爸爸妈妈去二手商店看一眼呢？如果你无法再穿的衣服样子仍然不错，你可以让你的父母捐掉它们、卖掉它们或把它们给你的一个朋友。考虑一下让你的父母举办一个"免费市场"或衣物交换活动，可以邀请你的邻居和朋友一起来！在这种活动中，人们把不再需要或不再想要的物品汇集在一起，这样别人可以免费带走它们。

三思

当面对一次性塑料废品时，我们通常仅把它们看做垃圾，但不一定非得这样看！三思你看待塑料的眼光：

音乐塑料：艺术家谢帝·拉巴卜（Shady Rabab）已经在教孩子们如何把塑料瓶变成令人惊喜的乐器。

塑料很坚固：设计师米凯拉·佩德罗斯（Micaella Pedros）正在用垃圾堆中找到的碎木头和塑料瓶制作家具。通过加热包在两片木头周围的塑料就形成了一个极其坚固稳定的合页。

制作新东西：珍贵塑料公司（Precious Plastic）的网页上有怎样制造简单机器来循环利用塑料的说明！其中一个机器可以将塑料粉碎成薄片，还有一个可以将塑料推入模具。由于热塑性塑料在一定温度下会融化，你可以把塑料变成你能想象的几乎任何东西！

修理

不久的过去，人们普遍在东西破损后尝试修理它们，而现在我们更有可能只是把它们丢掉。让我们改变这一现状吧！你的牛仔裤破了吗？问你的爸爸妈妈能否在上边缝一个补丁（有数千种关于如何缝纫的网络指南和书籍）。你的玩具坏了吗？学会怎样把它们修好吧。你的社区里可能会有一家"修理吧"，那里有专业的志愿者帮助你修理你的东西并且也会教你如何自己修理！

拒绝

大量无用废物的产生是由于别人认为我们想要这些东西并把它们提供给我们。你可以拒绝吸管、袋子、一次性杯子，当然，得礼貌一些！当你购物时，带你自己的袋子。如果有一些商店和餐厅是你家人经常光顾的，问问你的父母是否可以让你和老板们聊聊塑料。他们会愿意在顾客要求袋子时只给一个吗？与人交流能够引起重大改变。

列一张清单记录你准备将"六个R原则"应用到生活中的方法。让你的家人和朋友知道你的计划，他们的支持能帮你完成承诺，要是能让大家都参与进来就更棒了！

循环利用

循环利用是解决难题的重要一环，但它被列在最后是有原因的。所有塑料中仅有9%是被循环利用的。造成这一现象的几个原因我们在前文讨论过了，而还有一个原因是塑料是最难循环利用的材料之一。日常使用的塑料有几十种，在循环利用它们之前应当先做分拣，之后各类分拣过的塑料被送到循环设施做进一步清洗，这使得循环利用的过程更为复杂。

拿塑料水瓶来说，它往往是由PET制成，这是较有价值的塑料种类之一。当瓶子到达循环工厂后，它们先被清洗并被浸泡在化学物质中去掉标签，之后被切成小块。这些小块被泡在池子里，瓶盖塑料和瓶体塑料被分开。最后一步是压扁这些小块或将它们融化成小球。这些小球被卖给制造商用于制造新产品。然而，这些过程都需要能源，并且由于塑料中含有添加剂，还会释放有害化学物质到空气中。循环利用很棒，但离完美还很远。

可生物降解塑料怎么样呢？

生物降解是大自然进行废物管理的方式。微生物将食物和其他物品分解转化为营养物质（如维生素和矿物质等能让动植物保持健康的物质）。

解决塑料废物问题的最大阻碍之一就是——塑料不容易降解，并且几乎无法被破坏！这就是环保塑料被视为重要发明的原因。不幸的是，这种发明并不简单。让我们了解一下市场上的两种主要环保塑料：可生物降解塑料和生物塑料。

可生物降解塑料

可生物降解塑料类似于你日常所知的塑料。它由石油和天然气等化石燃料制成，同时含有用于帮助塑料在日光和有氧条件下更快分解的添加剂。然而，这些添加剂并不总能彻底降解塑料，有时塑料仅仅会变成小块的微型塑料，而你现在已经知道这也是个大麻烦！这些添加剂也会留下有毒残留，以至于塑料无法被制成安全的肥料。添加这些化学物质还意味着，塑料无法在大多数设施中被循环利用。因此，处理可生物降解塑料的最佳地点就是填埋场。不幸的是，在那里塑料不能接触到足够的光和氧气，研究者已发现在这种情况下它们的生物降解并不比常规塑料容易和迅速。

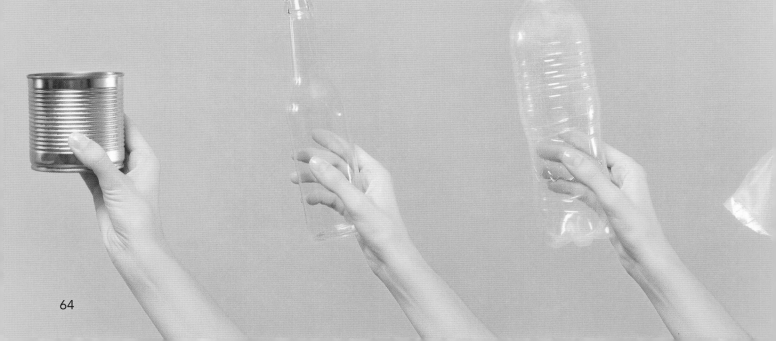

生物塑料

另一方面，生物塑料是由提取自玉米、甘蔗和小麦等植物的聚合物制成的。根据生物塑料制造方法的不同，一些在堆肥箱中分解很容易，另一些则需要其他帮助。例如，许多种生物塑料需要被加热到57℃持续12周才开始分解。这就会产生问题，因为大多数循环利用公司不具有管理这类塑料的设备。就像可生物降解塑料一样，许多生物塑料最终也走向了填埋场。

不需要高温分解，甚至可以食用的各种新型生物塑料正在被研发。然而，我们的唯一要务仍是减少由我们制造出的废弃物！

不同材料的循环利用差异很大

一些材料的循环利用对于对抗气候变化作用很大。例如，纸张和硬纸板是由木材等原材料制成的。循环这些物品既省钱，又能保护树木！玻璃和铝等金属可以被分割多次，并且质量保持不变。

然而，塑料就不一样了。每当塑料被循环利用时，用于制造原先物品的聚合物链都会缩短。一旦塑料被循环利用两三次，聚合物链就会短到不可用。因此，被循环利用的塑料几乎都会变成低级别塑料。相比而言，被循环利用的铝很容易制成罐子，而把旧塑料食品容器制成新的可就难多了。

这些内容并不意味着你可以停止循环利用！请继续循环利用，你只需知道它仅仅是整个解决方案的一小部分。

全球性解决方案：
政府和大型公司

如果我们要解决塑料问题，就需要全球各国政府以及大型公司的合作。让世界上所有的这些成员合作解决一个问题似乎是不可能的，但其实不然，我们之前曾解决过环境危机！

臭氧层

全世界通力合作解决环境危机的良好例子发生在1985年，在科学家发现臭氧层巨大空洞之后。

臭氧层空洞是由含氯氟烃（CFC）等的人造化学物质引发的，CFC存在于喷发胶和空气清新剂等的气溶胶罐中。这些罐中的CFC飞向空气中并摧毁臭氧层。

幸运的是，在1987年8月——发现空洞两年内——蒙特利尔计划被联合国197个国家接受。这一国际条约致力于保护臭氧层并逐步停止使用破坏臭氧层的化学物质。

今天，空洞已经大大缩小，并有希望在2060年消失。从这里我们能学到的是塑料污染这种大型环境问题可以通过合作来解决。

形势逆转

在你阅及此处时，世界上已经做出了许多出色成绩，所有人都对战胜塑料问题满怀希望。

清除大太平洋垃圾补丁

"海洋清理"（The Ocean Cleanup）是一个由荷兰青年发明家博扬·斯拉特（Boyan Slat）领导的组织。他和一组科学家发明了用于移除大太平洋垃圾补丁塑料的设备。这个设备（图中设备正在测试使用中）是个浮在海面上的巨大软管，在管上挂着的屏障泡在海面下。水流把设备推入补丁，使其将垃圾包围。浮管将海面的大塑料废物捕获，而屏障将水下的较小颗粒捕获。

"垃圾轮先生"和"垃圾轮教授"

正如前文所讨论的,约半数垃圾通过河流进入海洋。如果机器能在河底收集垃圾,使其不进入海洋不就好了吗?这就是美国巴尔的摩内港的"垃圾轮先生"(见图中)和"垃圾轮教授"正在做的事。这对强力搭档从2014年5月9日起至今共收集了906吨垃圾。其中包括:

753 099个塑料瓶	581 204个购物袋	920 154个聚苯乙烯容器
973 861个薯条包装	10 947 000个烟头	

这些机器如何工作?它们由河水提供的能量来转动轮子,拉动带子将垃圾从水中提起。当水流不够强时,机器通过太阳能电池板由阳光提供能量。垃圾通过传送带移动到垃圾箱中。想象一下,如果每一条大河都有一个垃圾轮进行清理该有多好!

圆环公司的闭环行动

一个创新的点子来自一个名为"圆环"的新公司。圆环公司已经和几个品牌合作，将"送奶工"模型带到消费产品的分销过程中。例如，与其到商店里买洗发水等一次性塑料瓶装的产品，不如将产品放在可重复利用的容器中直接送至消费者。当洗发水瓶空了之后，容器被从个人的家中收回、清洗和重装！圆环公司将这一系统推广到了包括冰淇淋、橄榄油和洗衣液等一系列产品中。

承诺

通过联合国和艾伦·麦克阿瑟基金会（Ellen MacArthur Foundation）的合作，全球250家公司做出承诺减少塑料废物和污染。这些包括百事可乐、可口可乐、联合利华、高露洁、庄臣和H&M等在内的公司共产生了全世界20％的塑料包装。这一行动称为新塑料经济，涉及寻找重复利用塑料和改变塑料用途的方法、避免产生一次性塑料包装以及建造和提升废物回收设施。其终极目标是找到使塑料垃圾形成闭环的方法。下一页可见更多关于如何形成闭环的内容。

使线性经济形成闭环

世界经济的91%是线性的。这意味着什么呢？这意味着多数商品从生产到消失都沿着一条直线。产品用新资源制造出来，再作为废物被丢进填埋场、焚烧炉或自然环境。

例如，当一部新款手机上市时，许多人会扔掉他们的旧款手机并购买新款。当一个搅拌机坏了时，多数人不会去修它，他们直接买新的。

本图以塑料水瓶的线性路径为例，将"提取—制造—废弃"的线性经济的各步骤进行分解。

（1）资源被提取　化石燃料被从地下开采出来。

（2）产品被生产　化学物质被加入到天然气中，将其变成聚合物用于制造瓶子。塑料被塑成瓶子形状并注满水。

（3）产品被发售　成箱的水被运往全世界，有时会穿越数千千米。它们通过空运、水运和陆运到达商店，供人购买。

（4）产品被使用　你购买了瓶装水，将其喝光。

（5）产品被丢弃　你将空水瓶扔进垃圾箱。

这是几乎所有物品遵循的模式，但它是基于如下两个有瑕疵的假设的：

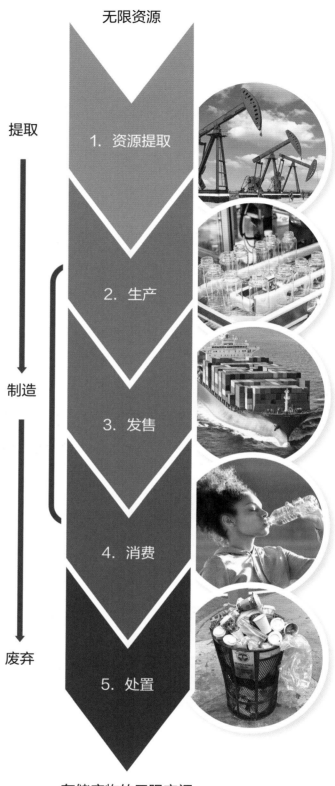

无限资源

提取

制造

废弃

1. 资源提取

2. 生产

3. 发售

4. 消费

5. 处置

存储废物的无限空间

假设1：有无限资源

用新资源制造所有物品是基于用来制造物品的资源永远不会耗尽的假设。然而，这并不是事实！用来制造塑料的化石燃料是不可再生的，这意味着它们最终会被耗尽。

假设2：有存储废物的无限空间

在使用物品和包装之后立即扔掉是基于有无限空间来存储废物的假设。这也不是真相！我们正在消耗垃圾的存储空间。仅美国就有超过2000个服役填埋场，预计不到20年它们就会满满当当！

线性方法更便宜吗？

目前，用100%的回收塑料制造水瓶是有可能的。然而，一些计算数据显示，用回收塑料制造水瓶比用新塑料花费更高。问题是这些计算数据并没有考虑到制造新塑料的隐藏环境成本。

例如，将化石燃料从地下提取并燃烧将会影响气候变化。从暴雨造成的破坏到作物的损失，气候变化对世界经济造成了数万亿美元的代价。

类似的是，购买新产品而非修理旧产品，可以让卖家赚更多钱，但这不包括将旧物品送到填埋场以及污染海洋的隐藏成本。

循环经济

幸运的是，将线变成环是有可能的！循环经济是长期重复使用资源的系统。这一过程涉及在全球范围内使用"六个R原则"。然而，只有从生产源头进行应用，循环经济才是可行的。换言之，商家需要从一开始就对它们的产品负责。

由商家建立闭环的一个例子是宜家。与其将你的旧宜家家具扔掉，不如由商家向你回购，并将其作为二手商品出售或捐给需要的人。前文讨论过的圆环公司是循环经济的另一个例子。

商家为其产品负责的另一种方法是实施一种污染者付费模型。在世界许多国家，人们向政府纳税，政府支付物品循环利用的成本。然而，许多人在考虑将其转化为公司直接支付循环利用成本的系统。以下是其概念：如果公司必须付出成本用以消除其产品包装，它们就有动力去创造包装更少的产品。

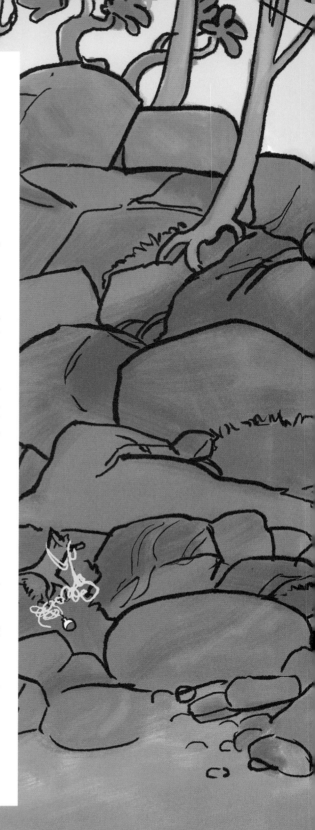

重塑未来

当我们展望塑料问题的未来时，是有理由担忧的。科学家预测，如果我们继续像现在一样使用塑料，到2050年时海洋里的塑料将会比鱼还多。

然而，还是会有许多让我们保持乐观的理由。首先，人类对塑料污染的警觉性已经在增长。比从前更多的人在写作、阅读和学习关于塑料的内容！他们都是像你一样的人！

你可知道，柯林斯词典在2018年将"一次性使用（single-use）"票选为年度词汇？这个词被用于形容那些仅为了被使用一次就丢弃而制造出的所有产品，它在2018年被词典提及的次数比过去5年多4倍。没错，塑料问题十分艰巨，但你可以对之有所作为！这里有一些你可以试着上手的好主意。

组织一次大扫除和一次品牌检查

在你的学校或社区里组织一次大扫除吧！你可以清理一个公园、一片田地或一条海岸线。收集废物时，对你收集的东西做一个检查。注意你找到的废物的类型，如果品牌名称是可见的，把最常见到的品牌记录下来。这样的检查可以引起常年给环境造成塑料污染的公司的注意。你可以联系到这些公司并要求它们做得更好！

把你大扫除地点前后的景况拍个照，问问你的父母能否在网上共享它们。激励他人是你能为改变世界所做的最重要的事之一。

联系当地政府

你的呼声很重要！联系当地政府，并让他们了解能够对抗塑料污染的办法！不管你投递了市长信箱还是在政府网站留言，这些举动都有助于让现状变得更好。在2013年，来自印度尼西亚巴厘岛的青少年姐妹米拉蒂·威奇森（Melati Wijsen）和伊莎贝尔·威奇森（Isabel Wijsen）通过组织抗议和示威推动了她们的州长对塑料袋下达禁令。她们现在管理着"再见塑料袋"（Bye Bye Plastic Bags）组织。

警示媒体！

给你所在地报纸的编辑投稿是你与社区居民分享塑料污染相关信息的绝佳方式。你也可以向杂志投稿或在社交媒体发文（只要在上网前请示父母即可）。有数千个社交媒体账户在致力于减少塑料污染和激励人们做出改变。

多多学习

全世界的研究者、普通人、组织和社区都在努力对抗塑料问题。最新研究层出不穷，使我们对塑料问题的严重性更加了解并尝试寻找解决方法。跟上时代吧！继续搜索最新的项目和研究进展。

分享你的见解（分享本书！）

现在你已经读完本书，你对塑料的了解比很多人都多得多。请分享你的见解！比如在学校或社区小组做个展示！举行活动引起大家对塑料污染问题的关注。在你父母的允许下，制作视频在社交平台分享你的见解。当你读完本书时，将它传阅下去！如果你在图书馆找不到它，让工作人员帮帮忙。越多人们对塑料有所了解，我们的未来就会变得越好！

词汇表

藻类 在水中生长的无根茎叶植物。藻类是许多重要水生动物的食物来源。藻类是浮游植物大类中的一员。

细菌 一类非常小的生物，小到肉眼不可见并且无处不在。其中一些很危险，另一些则对人有益。

生物降解 使物体分解或腐烂的一种生物过程。细菌、真菌和其他生物可以促进此过程。

生物富集 毒素沿着食物链向上走并且浓度升高的过程。

二氧化碳 含有一个碳原子和两个氧原子的气体分子。当你呼气时，你呼出二氧化碳。植物吸收二氧化碳，它是光合作用的重要成分。

碳排放 即温室气体（主要为二氧化碳）被释放到环境中的过程。用来驱动汽车的汽油燃烧过程会导致碳排放。

催化剂 使化学反应发生更快的物质。

赛璐珞 部分由植物纤维素制造的一类塑料。赛璐珞常用于制造拍摄电影的胶卷。

纤维素 一类组成植物细胞壁的碳水化合物。纤维素不能被人类消化，但可以被奶牛等动物消化。纤维素非常强韧，是木材的结构成分之一，所以它是纸张生产的重要原料。

气候变化 气候模式大规模的变化。气候变化通常是指大气碳含量升高，这是人类使用化石燃料的结果。

消费者 任何需要通过进食获得能量的生物，例子包括鱼类、狗、长颈鹿和你！

污染物 对生物起到负面作用的物质。污染物被发现于空气、水、土壤和食物中。

洋流 海水流动的方向。洋流受多种驱动力的影响，包括地球自转、气温、盐度和月球引力！

分解 物体分解或败坏的过程，例如，树叶分解成泥土。

密度 物体占据空间（体积）和其重量（质量）之间的关系。

二甲硫醚 一种闻起来像食物并能吸引动物的化合物。这种化合物在水中漂浮的塑料中很常见，动物很容易误食这种塑料。

灭绝 整个物种都不再存活。

化石燃料 由植物和动物的分解残留物制成的燃料，它被从地下岩石中开采。煤炭和石油是化石燃料的例子。

水力压裂 一种用来将石油和天然气从地下岩石中取出的过程。通过以高压将液体注射到岩石中完成。

绿色 从字面看是一种颜色，但也是一个用来形容某事物对环境友好的词汇。然而，人们对于哪些事物是或不是对环境友好的看法并不总是一致。

温室气体 一类能够将太阳的能量捕获的气体，这些气体与人类的工业活动（例如燃烧煤炭获取能量这一活动）有关，并会造成气候变化。二氧化碳是温室气体的一个例子。

环流 沿圆周运动的大型水系。通常见于海洋中，由风引起。

指示物 帮助我们理解环境中在发生什么的任意测量单位。

填埋场 充满垃圾的坑。当装满时，这些坑常被土壤和植物覆盖。

渗滤液 从填埋场流出的液体。渗滤液中有物质的碎片和化学污染物。

营养不良 当人或动物得不到保持健康所需食物时的状态。

大批量生产 某物品以很大规模制造。大多数塑料产品为大批量生产。

微型纤维 非常薄的塑料纤维——比0.06毫米还薄。

微生物 因太小而肉眼不可见的一类生物。

微型塑料 一类非常小的塑料碎片——小于5毫米。

分子 物质的小型单位，例子有水分子。

单体 一个小分子，当单体连在一起时形成聚合物。

纳米塑料 非常微小的塑料碎片——小到肉眼不可见。

塑料微粒 小塑料球；塑料微粒被融化以制成各种各样的塑料产品。

有机物 由碳构成的物质，包括分解后会形成石油的动植物。

持久性生物富集毒素 一类有毒且能在环境中长期存在的化合物。

杀虫剂 能杀死昆虫的毒药。

酚 一类从煤炭或石油中提取的有机化合物。

光降解 物体被日光分解的过程。

邻苯二甲酸盐 一类用来制造柔软塑料产品的化学物质。

浮游植物 依靠太阳产生能量的海洋生物。浮游植物是海洋食物网的基础。

聚乳酸（PLA） 一类由甘蔗等可再生资源制造成的可生物降解塑料。

聚乙烯 一类用来制造许多塑料产品的聚合物。

聚酯纤维 一类由聚合物制成的纺织品。

聚合物 由单体链构成的大型分子。

聚合 将分子联合使其成为更大分子的化学反应。例如，单体联合会产生聚合物。

聚丙烯 是丙烯通过加聚反应而成的聚合物，可用于生产多种塑料制品。

聚苯乙烯 用于制造包括舒泰龙泡沫在内的许多种塑料的一种聚合物。

生产者 能够利用太阳制造或生产自身食物而不需要进食的生物。植物是生产者。

可再生资源 指能够通过自然力以某一增长率保持或增加蕴藏量的自然资源。例如，木材就是可再生资源，因为我们能种植更多树木来生产更多木材。

一次性使用 物品仅被使用一次，随后就扔掉或毁掉。

合成 用于生产不存在于自然界中的物质；合成材料是由人工制成的。

热塑性塑料 加热时会融化的塑料。

热固性塑料 加热时不会融化的塑料。

毒素 能够伤害人类、动物、植物和自然界其他生物的物质。

废物管理设施 废物被分拣和转移的设施。废物可以被循环利用、堆肥、焚烧或埋在填埋场中。

废物拾取者 收集被丢弃的可重复使用及可循环使用材料的人。拾取者卖掉这些材料或留为己用。全世界有数百万名废物拾取者。

浮游动物 一类通常很小的、漂浮在洋流中的水生生物。浮游动物与浮游植物一起组成了海洋食物供应的主体。